Elvira Pilar Sánchez-Samper
Pedro Andreo-Martínez

Los ácidos grasos en alimentación infantil

Elvira Pilar Sánchez-Samper
Pedro Andreo-Martínez

Los ácidos grasos en alimentación infantil

Influencia sobre el metabolismo hepático y la microbiota intestinal

Editorial Académica Española

Imprint
Any brand names and product names mentioned in this book are subject to
trademark, brand or patent protection and are trademarks or registered
trademarks of their respective holders. The use of brand names, product
names, common names, trade names, product descriptions etc. even without
a particular marking in this work is in no way to be construed to mean that
such names may be regarded as unrestricted in respect of trademark and
brand protection legislation and could thus be used by anyone.

Cover image: www.ingimage.com

Publisher:
Editorial Académica Española
is a trademark of
International Book Market Service Ltd., member of OmniScriptum Publishing
Group
17 Meldrum Street, Beau Bassin 71504, Mauritius
Printed at: see last page
ISBN: 978-620-3-58534-6

Indice

1. INTRODUCCION A LA PROGRAMACIÓN NUTRICIONAL

En las últimas décadas, diversos estudios han puesto a prueba la hipótesis de que, en etapas tempranas del desarrollo, ciertos alimentos o nutrientes en cantidades específicas, suministrados durante períodos sensibles concretos, pueden determinar un activo metabólicoendocrino que conduce a alteraciones clínicas que se manifiestan décadas después. Esto es lo que actualmente se conoce como «programación nutricional» o «programación nutricional temprana de la salud a largo plazo» o («nutritional programming» o «early nutritional programming of long term health») [1].

La obesidad y los trastornos asociados, además de ofrecer algunas de las mejores pruebas con respecto a la programación temprana de la nutrición, se consideran problemas cada vez más urgentes por las siguientes razones [2]:

- La obesidad en niños y adultos ha aumentado exponencialmente y ahora es de inmensa importancia para la salud pública.

- Las extensas comorbilidades de la obesidad, como la diabetes y las enfermedades cardiovasculares (ECV), significan que la investigación en esta área de salud es relevante.
- La amplificación transgeneracional de la programación de la obesidad se suma a la importancia de la salud pública.

Actualmente se proponen tres hipótesis clave para explicar por qué la nutrición temprana nutre la obesidad y sus comorbilidades. Éstas no son mutuamente excluyentes y podrían tener un impacto mayor o menor en diferentes circunstancias:

- Hipótesis in utero o «*fuel-mediated in utero hypothesis*».
- Hipótesis de ganancia de peso acelerada postnatal o «*accelerated postnatal growth hypothesis*».
- Hipótesis de desajuste o «*mismatch hypothesis*».

La hipótesis in utero propone que la obesidad materna y/o el aumento excesivo del peso durante el embarazo aumentan el riesgo de obesidad en el niño. Un ambiente uterino obesigénico es de gran importancia en la modulación del riesgo a largo plazo de la adiposidad y los trastornos relacionados. La hipótesis acelerada de crecimiento postnatal propone que el rápido aumento de peso en la infancia se asocia con un mayor riesgo de obesidad posterior y otros resultados adversos, como el riesgo de ECV. El aumento acelerado del peso postnatal puede ser el resultado de un alto consumo de nutrientes que mejoran el crecimiento, como las proteínas en la dieta infantil. La hipótesis de desajuste sugiere que los sujetos que experimentan «desajuste» en el desarrollo entre un ambiente subóptimo prenatal y/o infantil y un posterior ambiente infantil obesogénico tienen una predisposición particular a la obesidad y las comorbilidades asociadas, es decir, los sujetos nacidos con bajo peso y/o con un crecimiento pobre durante la infancia, tienen un mayor riesgo de enfermedad coronaria, sobre todo si su deterioro del crecimiento temprano es seguido por un aumento en el peso durante la infancia [2].

Las vías de nutrición tempranas para la programación de la obesidad probablemente sean multifactoriales. La Figura 1 ilustra cómo estas hipótesis podrían contribuir a la programación del desarrollo del riesgo de enfermedades no transmisibles.

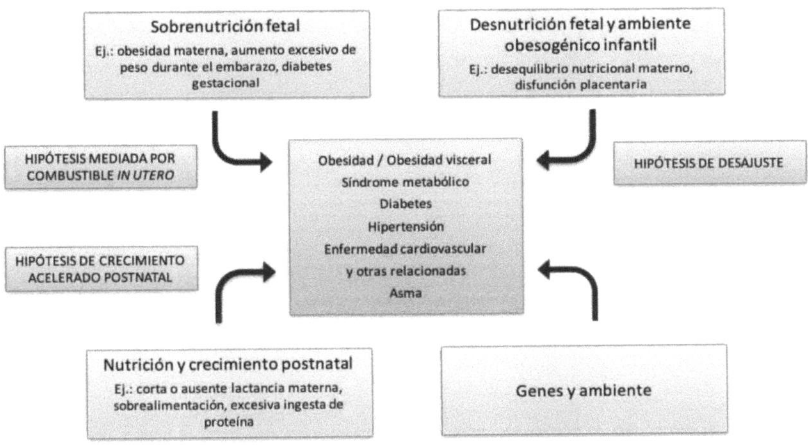

Figura 1. *Integración de hipótesis para la programación de la obesidad y trastornos relacionados. Adaptado de* Koletzko, Brands [2].

El efecto de «programación» se atribuye principalmente a una ventana crítica de sensibilidad y debe distinguirse de los procesos de «impresión» («imprinting»), que actúan en los niveles genómicos. Sin embargo, ambos pueden mediar la expresión génica a través de mecanismos epigenéticos. Actualmente se reconocen tres etapas o ventanas críticas de tiempo principales [1]:

- La fase intrauterina de crecimiento, correspondiente a las primeras semanas de vida extrauterina en los nacidos prematuros.

- Los primeros 4 a 6 meses de vida, que representan el período de alimentación con leche, ya sea con lactancia materna o fórmula infantil.

- El período de alimentación complementaria, en el que los alimentos sólidos se introducen progresivamente y se extienden hasta el final del segundo año de vida.

1.1. MECANISMOS DE LA PROGRAMACIÓN TEMPRANA DE LA NUTRICIÓN

Los mecanismos precisos que subyacen a la forma en que la nutrición temprana puede causar la programación de la obesidad son desconocidos, pero se cree que están asociados con un desarrollo alterado de la estructura del órgano o una alteración persistente a nivel celular. Algunos mecanismos propuestos incluyen [3]:

- Memoria epigenética: modificación transcripcional mediante, por ejemplo, metilación del ADN, acetilación o metilación de histonas, y expresión alterada de microARN.

- Inducción de la alteración de la estructura de órgano (vascularización, inervación y yuxtaposición). Por ejemplo, la alteración de la arquitectura hepática durante la organogénesis que puede modificar permanentemente el metabolismo.

- Reducción del número de nefronas que pueden influir en el riesgo de hipertensión.
- Alteración del número de células: hiperplasia e hipertrofia.
- Clonal: crecimiento desproporcionado de células que proliferan rápidamente en condiciones metabólicas específicas.
- Diferenciación metabólica: por ejemplo, cambios hepatocelulares asociados con actividad metabólica mejorada.

Los mecanismos moleculares propuestos incluyen la expresión aguda o persistentemente alterada de los genes a través de una variedad de vías epigenéticas. Durante el desarrollo in utero o postnatal temprano, los cambios a corto plazo a través de las influencias ambientales podrían cambiar permanentemente el desarrollo del órgano en un momento de extrema vulnerabilidad o "plasticidad". Por ejemplo, estudios experimentales y observaciones en humanos han demostrado que una reducción en el suministro de nutrientes y oxígeno afecta diferencialmente al crecimiento y desarrollo de órganos y tejidos. Los órganos afectados incluyen los pulmones, el riñón, el intestino y el hígado. Además, los estudios clínicos y experimentales proporcionan evidencia de cambios en el desarrollo de los puntos de referencia homoeostáticos para muchas hormonas y para alteraciones en la sensibilidad de los tejidos a estas hormonas. Las alteraciones del eje fetal hipotálamo-hipófisis-adrenal, los mecanismos centrales que controlan el equilibrio energético y las respuestas simpato-suprarrenales son probablemente un importante mecanismo por el cual las exposiciones del desarrollo afectan las respuestas subsiguientes de la descendencia. Mientras que conceptualmente, la modificación epigenética proporciona un marco para entender cómo las diferencias en el medio ambiente temprano pueden conducir a cambios permanentes en el metabolismo y, por tanto, riesgos a largo plazo para la salud. Mucho trabajo todavía está por hacer para desentrañar las modificaciones post epigenéticas específicas implicadas en diferentes procesos de la enfermedad [2].

1.2. PROGRAMACIÓN METABÓLICA

Los estudios en modelos animales han mostrado que dietas obesogénicas durante la gestación y/o la lactancia, además de incrementar el riesgo de obesidad del recién nacido, causan alteraciones en su metabolismo afectando a distintos órganos y tejidos. Entre dichas alteraciones metabólicas se encuentran las siguientes [4]:

- Aparición de resistencia a la insulina a nivel muscular.
- Reorganización de las vías neuronales con alteración de la regulación del apetito, incremento de las concentraciones de insulina y leptina en los recién nacidos.
- Alteraciones a nivel de los adipocitos, que provocan una capacidad aumentada para almacenar lípidos durante la vida posnatal.
- Una disminución de la función pancreática que produce una reducción de la homeostasis de la glucosa/insulina asociada a la edad.

1.3. OBESIDAD

La obesidad es uno de los principales problemas de salud pública en el mundo desarrollado, considerándose una de las epidemias del siglo XXI, con un gran impacto sobre la calidad de vida y los costes sanitarios. Es la enfermedad metábolica más prevalente de los países desarrollados y constituye una de las causas fundamentales del incremento de la morbimortalidad. En las ultimas décadas, se ha producido una transición nutricional hacia una alimentación opulenta debido al aumento del poder adquisitivo, el desarrollo de la tecnología alimentaria y del estilo de vida diaria. Asociado a ello, se suma el aumento del sedentarismo, con la consiguiente disminución del gasto energético. Esta situación favorece la aparición y desarrollo de otras enfermedades como diabetes tipo 2, síndrome metabolico o enfermedades cardiovasculares, que se suman a la obesidad, en la edad pediátrica. El aumento de la prevalencia indica que los factores ambientales influyen sustancialmente en el aumento de la obesidad infanto-juvenil en las ultimas décadas. Todo ello convierte a los niños en el principal grupo de riesgo, en el que se deben implementar las estrategias de prevención e intervención para evitar enfermedades, de inicio precoz, en la ead adulta [4].

Diferentes estudios ponen de manifiesto que la dieta de los niños es inadecuada y de baja calidad y que está estrechamente relacionada con la obesidad. Esto se debe, principalmente, a la falta de supervisión y control familiar de los cambios alimentarios que se producen en la infancia y, también, a la falta de tiempo para compartir el momento de las comidas o realizar actividad física en común que permita un mejor desarrollo y estado corporal del niño. Entre las debilidades más destacadas de la alimentacion en los niños se encuentran las siguientes [5]:

- Excesiva ingesta de calorías totales.
- Excesiva ingesta de calorías procedente de las grasas saturadas, trans y ω-6.
- Aporte deficiente de ω-3, con un índice ω-6/ω-3 elevado.
- Excesivo aporte de proteínas de origen animal, carnes grasas y embutidos.
- Deficiente aporte de calorías procedentes de carbohidratos complejos.
- Excesiva ingesta de sal y azucares simples.

1.3.1. Enfermedades asociadas a la obesidad

La obesidad es la expresión de la interacción entre los genes y el ambiente. De hecho, el 95 % de los pacientes tienen una obesidad exogénica, multifactorial y poligénica, y solo un 5 % son monogénicas. Además, hay mas de 300 genes implicados en el dasarrollo de la obesidad [4].

Existen periodos cronobiológicos que son críticos para el desarrollo del tejido graso, como el embarazo, el primer año de vida, el momento del rebote adiposo y la adolescencia. En ellos se establecen cambios en la composición corporal, en la estructura y función de órganos y aparatos, en la regulación metabólica y hormonal y en la expresión génica, con consecuencias no solo a corto, sino también a medio y largo plazo. Así, al nacer la grasa representa el 12-15 % del total corporal, aumentado durante le primer año de vida hasta el 21-23 % [4].

El índice de masa corporal (IMC) o índice de Quelet es una medida universalmente aceptada para el diagnostico de la obesidad, aunque la localización de la grasa es tanto o más importate que la cantidad total ya que esto condiciona el tipo de grasa, su funcionalidad y el riesgo metabolico que supone. De hecho, un individuo obeso puede ser «metabólicamente saludable» y uno delgado «metabólicamente obeso», en función de la cantidad de grasa visceral, que es un factor independiente de riesgo de comorbilidades [4].

1.4. EL PERIODO DE ALIMENTACIÓN COMPLEMENTARIA

La introducción de la alimentación complementaria en el lactante supone un proceso de gran importancia, ya que esta práctica podría influir en los resultados posteriores de la salud mediante una serie de mecanismos que incluyen efectos de programación en un amplio sentido. Dichos efectos de programación se dan tanto para el crecimiento y desarrollo del niño como para el establecimiento de sus preferencias alimentarias, adquisicón de autonomía, interacción con la familia e incorporación a las tradiciones del entorno sociocultural [6]. Se describen tres aspectos fundamentales a tener en cuenta en la alimentación complementaria: el momento o timing, el orden y modo, y el contenido y calidad nutricional [7-9].

El momento de introducción o timing de la alimentación complementaria se recomienda entre los 4 y los 6 meses según la institución que se pronuncie. La lactancia materna exclusiva durante los 6 primeros meses suele ser adecuada para la mayoría de los lactantes, aunque en algunos casos puede ser necesario comenzar con la introducción de nuevos alimentos antes de los 6 meses, y siempre después de los 4 meses, para asegurar un crecimiento y desarrollo óptimos [7-9].

Además de la edad, el orden de introducción de los alimentos complementarios ha evolucionado desde esquemas estrictos con calendarios de introducción para cada grupo de alimentos, a la flexibilidad actual donde el retraso en la introducción de ciertos alimentos no parece tener relación con la prevención de alergias. También el modo de administración de los alimentos complementarios está evolucionando desde los tradicionales purés y papillas con cuchara a las nuevas tendencias de destete dirigido por el bebé o babyledweaning. El comportamiento de los padres, «dar ejemplo», también puede influir en las prácticas de alimentación infantil y en el crecimiento. Asimismo, la exposición a una dieta altamente variada, incluyendo verduras de sabor amargo, se asocia con patrones dietéticos más óptimos en etapas posteriores de la infancia [4, 6, 9].

Con respecto al contenido y calidad nutricional, las principales recomendaciones nutricionales a tener en cuenta para la prevención de obesidad y otras patologías son [4]:

- Una ingesta excesiva de energía (>75-80 kcal/kg/día) es un factor directamente relacionado con el sobrepeso.
- Una ingesta excesiva de proteínas (>15 % Valor Calórico Total) parece correlacionarse con un mayor riesgo de sobrepeso y obesidad en etapas posteriores.
- La alimentación complementaria debe aportar >90% de los requerimientos de hierro en los lactantes de pecho.
- La introducción de ácidos grasos poliinsaturados de cadena corta (LC-PUFAs) del pescado podría tener un efecto positivo sobre el neurodesarrollo, la agudeza visual y, posteriormente, sobre la tensión arterial.

Para evaluar los efectos de los hábitos nutricionales tempranamente diversificados sobre el riesgo posterior de trastornos no transmisibles es útil separar las tres principales familias de macronutrientes, es decir, proteínas, grasas e hidratos de carbono.

1.4.1. Proteínas

La proteína es el macronutriente que aumenta más rápidamente su fracción del contenido calórico total durante el periodo de alimentación complementaria. De hecho, el contenido promedio aproximado de proteínas de la leche humana es de 1,2 g/100 kcal, lo que supone el 5 % del contenido energético total. Dentro de esta cantidad se calculan también algunas clases de proteínas funcionales (IgA y lactoferrina) que no se utilizan con fines nutricionales puros [1]. Durante la etapa de alimentación complementaria la ingesta de proteínas puede llegar a ser de dos a tres veces más alta que las necesidades fisiológicas en un gran número de niños. Un ejemplo de esto es que el 96% de los niños españoles de 7 a 36 meses consumen proteínas por encima del doble según el estudio ALSALMA, lo cual también se asoció con un aumento del IMC [10]. Esta relación causa-efecto de la proteína ha sido estudiada en las fórmulas infantiles frente a la leche materna, donde un mayor consumo de proteínas lácteas durante el primer año de vida ha dado lugar a un mayor IMC a los dos años de edad, aumentando el riesgo de obesidad futura. Se cree que la ingesta proteica estimula la secreción del factor de crecimiento 1 semejante a la insulina (IFG-1), que lleva a la proliferación celular, acelera el crecimiento y aumenta el tejido adiposo [1, 11].

1.4.2. Grasas

Las grasas representan la principal fuente de energía de la leche humana, suministrando más del 50 % de calorías durante los primeros meses. Su absorción como triglicéridos es favorecida por la alta prevalencia de ácido palmítico en la posición 2. Entre otros compuestos bioactivos calóricos, la leche humana es una fuente natural de LC-PUFAs, particularmente el ácido docosahexaenoico (DHA, C22: 6n-3), proporcionando alrededor de 7 mg/dl de DHA que se depositan preferentemente en el prosencéfalo, ofreciendo así una explicación plausible de las ventajas sobre el neurodesarrollo observadas en los lactantes amamantados. La leche humana es también una fuente de colesterol, de modo que los niveles de colesterol en sangre suelen ser más altos en los bebés alimentados con leche materna. Los datos disponibles muestran una capacidad peculiar de estos lactantes para regular la síntesis de colesterol endógeno en los primeros meses de vida. Además, más adelante en la vida, estos bebés muestran niveles progresivamente más bajos de colesterol total y LDL-colesterol [1].

En comparación con la lactancia materna exclusiva, la introducción de alimentos complementarios conduce a una reducción de las grasas de la dieta, que caen del 50 al 30 % aproximadamente del total de calorías. Por otro lado, a pesar del alto suministro dietético inicial, la oxidación de la grasa se suprime significativamente y aumenta muy gradualmente después del nacimiento. Con la introducción de de alimentos complementarios, la caída en la ingesta de grasa se asocia con una decadencia de la oxidación de las grasas. La dinámica de la ingesta de grasas y la oxidación en las primeras edades sugieren una reorientación preferencial de las grasas dietéticas hacia el almacenamiento y, posiblemente, hacia el soporte del crecimiento. Por otro lado, no hay evidencia convincente de asociación alguna entre la ingesta de grasa durante el 6º al 24º mes después del nacimiento y los índices posteriores de adiposidad. La calidad de grasa de la dieta entera puede afectar a las lipoproteínas de la sangre a corto plazo durante los primeros 12 meses de vida. A largo plazo, la calidad y la cantidad de lípidos dietéticos también tienen un efecto sobre los niveles de colesterol sérico, la resistencia a la insulina y la función endotelial [1].

1.4.3. Fibra e hidratos de carbono

Los estudios sobre los efectos de una ingesta temprana de fibra y la salud posterior son escasos, ya que casi todos los esfuerzos en investigación han sido dedicados a los efectos de la composición de la leche, las proteínas y las grasas [1].

Los hidratos de carbono constituyen un grupo grande y heterogéneo que se compone desde azúcares simples hasta carbohidratos de absorción lenta y fibra no digerible. Las tasas de absorción de hidratos de carbono son el factor regulador clave de la respuesta insulinémica, que afectan directamente a las principales vías metabólicas. La cantidad y el tipo de carbohidratos no digeribles y fibra despiertan actualmente interés en investigación, ya que éstos son los principales determinantes de la biodiversidad de la flora intestinal. La leche humana incluye un porcentaje relevante (10-25 %) de hidratos de carbono no digeribles, mientras que la parte restante está representada por lactosa. Esta combinación se ha asociado con el desarrollo de una flora que en general se cree que ejerce efectos positivos a corto plazo sobre el sistema inmunológico. Con la introducción de la alimentación complementaria virtualmente todos los tipos de hidratos de carbono pueden ser introducidos en la dieta infantil, principalmente a través de frutas y verduras. Una ingesta de fibra superior a la media no desplaza la energía ni perturba el crecimiento en los niños, además otorga una menor la concentración sérica de colesterol total a largo plazo. La adición extra de azúcares se desaconseja por completo en la alimentación complementaria [1].

En resumen, la mayor dificultad para establecer la asociación de un determinado macronutriente con las enfermedades de la edad adulta, está representada por la capacidad de separar los efectos inmediatos de dicho nutriente de los efectos de los otros nutrientes, y luego relacionarlos con resultados clínicos posteriores (síntomas y signos propios de los trastornos no transmisibles) [1].

En este contexto, con recientes publicaciones que cuestionan las recomendaciones actuales, se analiza la alimentación complementaria en sus aspectos generales, nutricionales y en relación con el riesgo de desarrollo de enfermedades [4]. Existe una falta de información adecuada sobre el período crítico de 6 a 24 meses y hay poca información e investigación sobre el consumo de ciertos alimentos infantiles para alimentación complementaria y su rol protector o de riesgo en el desarrollo de enfermedades no transmisibles en niños entre 1 y 3 años [12]. Esta información es aún más escasa en relación con el consumo de alimentos infantiles comercializados, fabricados de acuerdo con las recomendaciones de la Unión Europea [13].

2. LOS ALIMENTOS INFANTILES Y BIOMARCADORES

Los alimentos infantiles producidos por la industria han sido ampliamente utilizados en algunos países europeos, donde un gran porcentaje de las madres a menudo ofrecen estos productos a sus hijos [14, 15]. Esto pone de relieve el papel central de la industria alimentaria infantil en la configuración de las dietas de los bebés y la importancia de comprender el tipo de alimentos infantiles disponibles en el mercado [16].

En la actualidad los alimentos infantiles se encuentran regulados bajo el Reglamento (UE) nº 609/2013 del Parlamento Europeo y del Consejo, de 12 de junio de 2013, relativo a los alimentos destinados a los lactantes y niños de corta edad, los alimentos para usos médicos especiales y los sustitutivos de la dieta completa para el control de peso y por el que se derogan la Directiva 92/52/CEE del Consejo, las Directivas 96/8/CE, 1999/21/CE, 2006/125/CE y 2006/141/CE de la Comisión, la Directiva 2009/39/CE del Parlamento Europeo y del Consejo y los Reglamentos (CE) nº 41/2009 y (CE) nº 953/2009 de la Comisión [13].

En este reglamento se define «lactante» como niño menor de 12 meses y «niño de corta edad» como niño de entre 1 y 3 años de edad. También define los «alimentos infantiles» como alimentos destinados a satisfacer las necesidades particulares de los lactantes sanos durante el destete y de los niños de corta edad sanos como complemento a su dieta o para su progresiva adaptación a una alimentación corriente, con excepción de los alimentos elaborados a base de cereales, y las bebidas a base de leche y los productos similares destinados a niños de corta edad.

Establece los requisitos generales de composición e información para los alimentos infantiles. La composición de los alimentos infantiles será apta para las personas a las que van destinadas y adecuada para satisfacer sus necesidades nutricionales, con arreglo a datos científicos generalmente aceptados. Además, los alimentos infantiles no contendrán ninguna sustancia en una cantidad tal que ponga en peligro la salud de las personas a las que van destinados. El etiquetado, la presentación y la publicidad de los alimentos infantiles ofrecerán información para el uso adecuado del alimento, no serán engañosos y no deberán atribuir a dichos alimentos propiedades de prevención, de tratamiento o curación de una enfermedad humana ni hacer referencia a tales propiedades [13].

Por otro lado, junto con los indicadores clínicos, dietéticos y morfométricos, los marcadores biológicos o biomarcadores son uno de los instrumentos utilizados para evaluar el estado nutricional. Los biomarcadores tienen una doble utilidad ya que, por un lado, sirven como indicadores del estado nutricional y pronostican la enfermedad, y, por otro lado, sirven como indicadores de ingesta dietética. Su principal ventaja reside en el hecho de que realizan mediciones objetivas y exactas de la ingesta dietética [17].

El objetivo final de utilizar un biomarcador es obtener mediciones cuantitativas, es decir, proporcionar información de manera precisa de la cantidad de nutriente disponible, después de su absorción y metabolismo, que puede ser utilizado por los tejidos para su acción específica. También se utilizan para validar cuestionarios dietéticos [18]. La interpretación de los biomarcadores resulta difícil ya que reflejan factores endógenos y exógenos, y su utilidad puede diferir entre las distintas poblaciones. Además, la toma, procesado y conservación de las muestras biológicas, así como la propia validez y variabilidad del método de análisis utilizado, pueden no estar exentos de inconvenientes. Los mejores biomarcadores son fácilmente abordables, sensibles a pequeñas diferencias en la ingesta alimentaria e integran el tiempo con la ingesta real a lo largo del período de intervención (a largo o a corto plazo) [19].

El efecto de las grasas dietéticas en la salud y la enfermedad ha sido tema de interés durante muchas décadas. Hasta la actualidad, ningún biomarcador ha podido reflejar con precisión la ingesta absoluta de grasa, en gran parte, debido a la síntesis endógena de ácidos grasos y al complejo metabolismo de éstos; es decir, aún no se ha podido determinar cuánto es producción endógena y cuánto proviene de la dieta. Sin embargo, existen biomarcadores para determinar ácidos grasos [20].

Las grasas y, concretamente, los PUFAs ω-3 son unos de los biomarcadores de mayor interés en salud pública puesto que son los que más contribuyen al estudio de la relación entre dieta y enfermedades crónicas en los países desarrollados. El interés por el estudio de estos biomarcadores de ingesta dietética es bastante reciente, sin embargo, las perspectivas son muy prometedoras. Por ejemplo, varios estudios han utilizado el ácido eicosapentaenoico (EPA) y el DHA como biomarcadores para validar el EPA y el DHA ingeridos. La razón es que, aunque el ser humano y los modelos murinos son capaces de sintetizar de forma endógena EPA y DHA a partir de su precursor, el ácido alfa-linolénico, dicha conversión es poco eficiente [21]. Los efectos beneficiosos atribuidos al consumo de PUFAs ω-3, particularmente al EPA y DHA, son ampliamente conocidos [20, 22].

Los tejidos orgánicos que mejor reflejan la ingesta a largo plazo de un nutriente son los tejidos de almacén (médula ósea, hígado y tejido adiposo). El tejido adiposo, de cualquier localización, es el terreno preferido para la identificación y medición de ácidos grasos como reflejo de ingesta dietética y almacenamiento de grasa a largo plazo. La vida media de los ácidos grasos en el tejido adiposo puede variar, pero en general se acepta que refleja la ingesta de grasa durante los últimos 2 ó 3 años [23]. Puede haber diferencias entre las concentraciones de ácidos grasos en las diferentes localizaciones de tejido adiposo [24]. Así, en el estudio de Phinney, Stern [25], se encontraron niveles más altos de ácidos grasos saturados (SFAs) en la grasa abdominal que, en la grasa del muslo, mientras que los niveles de ácidos grasos monoinsaturados (MUFAs) más altos se encontraron en la cara externa del muslo, y los niveles más bajos en el abdomen.

Otras opciones para obtener biomarcadores, que proporcionan información a corto y medio plazo, son: ácidos grasos libres en suero o plasma, componentes de membranas de los eritrocitos, ésteres de colesterol y ácidos grasos de fosfolípidos, componentes de triglicéridos circulantes o diversas subfracciones de lipoproteínas [20].

Existen factores no dietéticos que condicionan la concentración de nutrientes en los tejidos y, por lo tanto, pueden influir en la medición de un biomarcador. Algunos de estos factores son la edad y estado fisiológico (embarazo), el estado nutricional (niveles de minerales) y la enfermedad (cáncer, fibrosis quística) [20].

Para evaluar la fiabilidad de los biomarcadores, es necesario revisar los datos de biomarcadores a partir de estudios que informen de los cambios en el nivel de ácidos grasos. Serra-Majem, Nissensohn [26] utilizaron como método de referencia el tejido adiposo y algunas fracciones sanguíneas, en su revisión sistemática sobre biomarcadores. Además, expresaron la necesidad de conocer la validez y la capacidad de reproducción de las estimaciones de ingesta dietética de ácidos grasos a partir de diferentes cuestionarios. De acuerdo con esta revisión, el registro dietético con pesada de alimentos podría ser el mejor de los métodos de evaluación utilizados para conocer la ingesta dietética de ácidos grasos.

3. LOS ACIDOS GRASOS, MECANISMOS DE PROGRAMACIÓN Y METABOLISMO

Entre los nutrientes estudiados capaces de articular el efecto de «programación», los LC-PUFAs se encuentran entre los más populares debido a la importancia de las enfermedades con que potencialmente podrían estar relacionados. Algunos estudios, se han preocupado por revisar los efectos del consumo LC-PUFAs durante la lactancia y el período postnatal sobre la composición corporal del recién nacido a corto, medio y largo plazo [27]. La conclusión a la que se llegó con esta revisión sistemática fue que se necesitan más estudios para entender mejor cuál es la relación real entre los LC-PUFAs y la programación de la composición corporal a medio y largo plazo. Por esta razón, este tema despierta cada vez mayor interés.

Los patrones de ingesta de ácidos grasos, en los países desarrollados, han cambiado en las últimas décadas, aumentando la ingesta de PUFAs ω-6 en detrimento de la de ω-3 [28]. La composición, cuantitativa y cualitativa, en ácidos grasos de la dieta puede contribuir al desarrollo de la obesidad. Con anterioridad, muchos ensayos se han llevado a cabo para contrastar los efectos de la suplementación con PUFAs durante el período perinatal en el desarrollo cognitivo o en la agudeza visual del niño, como monitorización de un buen estado de salud, y su influencia en el crecimiento [29]. A pesar de ello, existe muy poca información sobre la suplementación con LC-PUFAs y sus efectos en la composición corporal del niño y en la programación a largo plazo de la grasa corporal.

La disponibilidad temprana de LC-PUFAs podría influir en el desarrollo de tejido adiposo durante la edad fetal y la infancia. En estudios con seres humanos y animales se ha encontrado que los eicosanoides derivados del áciso araquidónico (ARA) y otros LC-PUFAs ω-6 poseen un efecto adipogénico. Esto ocurre porque, al actuar como ligandos o precursores de ligados de PPARγ, favorecen la diferenciación de los preadipocitos en adipocitos maduros durante las etapas tempranas de crecimiento hiperplásico del tejido adiposo. En cambio, aquellos eicosanoides derivados del EPA y del DHA tienen un efecto opuesto en la adipogénesis, ya que ambos inhiben la diferenciación celular y el desarrollo del tejido graso, es decir, tienen efecto antiadipogénico [20, 30]. Por este motivo, el cociente entre los LC-PUFAs ω-6 y los ω-3 en la dieta puede desempeñar un papel importante en el desarrollo del tejido adiposo en edades tempranas [31].

Los PUFAs actúan con diferente efectividad in vivo e in vitro. Los PUFAs son menos efectivos en incrementar el número de adipocitos in vivo, pero son mucho más efectivos en estimular la diferenciación de preadipocitos en adipocitos maduros que los SFAs in vitro [32-34]. Este efecto está mediado por la capacidad de los PUFAs de actuar como ligandos o precursores de ligandos de PPARγ. Existen varias vías redundantes sobre el papel de los ácidos grasos en la promoción de la adipogénesis que se desciben en los párrafos siguientes.

Por un lado, los eicosanoides derivados de los PUFAs ω-6 tienen un efecto altamente específico en la diferenciación del preadipocito. En este sentido, la prostaciclina (PGI2), que es un derivado del ARA, estimula la adipogénesis a través de su unión al receptor IP de membrana de los preadipocitos (IP-R), lo cual activa el adenilato ciclasa. El aumento de AMPc intracelular subsiguiente induce rápidamente a los factores de expresión C/EBPβ y C/EBPδ (CCAAT/enhancer-binding protein β y δ), que a su vez expresan a

PPARγ, cuya expresión promueve la diferenciación terminal o adipogénesis. Por otro lado, la PGI2 puede estimular la diferenciación de los adipocitos gracias a su habilidad de actuar directamente como ligando de PPARγ. El angiotensinógeno secretado por los propios adipocitos, es un precursor de la angiotensina, que además de su papel como vasoconstrictor, también promueve el proceso adipogénico mediante la estimulación de la secreción de PGI2 de los adipocitos. Por último, el factor inhibidor de la leucemia (LIF) se une a su receptor (LIF-R) y activa la vía ERK (extracelular signal–regulated kinase), para regular, también de forma positiva, la expresión de C/EBPβ y C/EBPδ [28].

El ARA puede ser proporcionado por la dieta o indirectamente a través del metabolismo del ácido linoleico, así como liberado de los glicerofosfolípidos de membrana a través de la actividad fosfolipasa A2 (PLA2) [28]. El factor de transcripción C/EBPβ es capaz de inducir la expresión de C/EBPα, incluso en ausencia de PPARγ, aunque este hecho es controvertido. Los factores PPARγ y C/EBPα a su vez inducirían la expresión de sí mismos, así como uno la del otro. La expresión forzada de PPARγ (en presencia de sus ligandos) y de C/EBPα estimula la adipogénesis aún en ausencia de agentes inductores exógenos. Aunque PPARγ es suficiente para inducir la expresión de la mayoría de los genes adipocitarios, C/EBPα es necesario para conferir al adipocito la sensibilidad a la insulina [35].

La PGI2 también se puede unir directamente a PPARβ y PPARδ. Otros ácidos grasos no esterificados (NEFA) también actúan como activadores/ligandos de PPARβ, PPARδ y PPARγ. Después de la diferenciación terminal del preadipocito, el LIF ya no se produce, y la producción de PGI2 y otras prostaglandinas cesa y se acompaña de una reducción de la expresión y pérdida de la IP funcional. Además de los metabolitos de ARA sintetizados a través de ciclooxigenasas (COX) en etapas tempranas, los metabolitos ARA sintetizados a través de lipoxigenasas (LOX) como ligandos de PPARγ también están implicados en estadíos celulares posteriores [28].

Varios mecanismos podrían explicar el papel inhibidor de la adipogénesis de los PUFAs ω-3 en el desarrollo del tejido adiposo. El EPA y el DHA proporcionados por la dieta o que surgen del metabolismo del ácido alpha-linolénico inhiben el adenilato ciclasa y las actividades ciclooxigenasas (COX) y lipooxigenasas (LOX), bloqueando la transcripción mediada por NF-kB a través de múltiples vías de señalización, alterando la adipogénesis en última instancia [28, 32].

La formación de adipocitos es un evento crítico, ya que los adipocitos maduros no se dividen in vivo y no experimentan una rotación significativa en condiciones fisiológicas. La capacidad de proliferación de células precursoras y su diferenciación en adipocitos es mayor a edades tempranas y disminuye posteriormente en seres humanos y roedores. Por lo tanto, las grandes cantidades de ácido linoleico consumidos desde muy pronto durante el embarazo, la lactancia y la infancia temprana, son factores importantes de los eventos fisiológicos implicados en un momento en que el tejido adiposo está en una fase dinámica de su desarrollo, y que podría conducir a la obesidad infantil [32].

Los estudios con animales sugieren que diferentes cocientes ω-6:ω-3 podrían afectar la composición corporal, el tamaño de los adipocitos y la distribución de la grasa [36, 37]. En este sentido, como ejemplo, los LC-PUFAs ω-3 pueden tener efectos antiadipogénicos que inhiban el desarrollo de la grasa, y el ARA tiene un efecto adipogénico [30, 38].

3.1. Efectos temporales de los PUFAs sobre la composición corporal

La bibliografía disponible sobre los efectos de los PUFAs a corto y largo plazo sobre la composición corporal no es mucha. Además, muchos de los resultados obtenidos en los estudios resultan controvertidos tal y como describe Rodriguez, Iglesia [27] en su revisión sistemática, con información sobre el consumo de LC-PUFAs ω-3 durante el embarazo y el período posnatal, y el efecto en la composición corporal de los niños a largo plazo.

Dada la diversidad encontrada en los resultados de las intervenciones de los artículos seleccionados en dicha revisión [27], las conclusiones sobre el efecto de la suplementación materna con ω-3 en la composición corporal del recién nacido todavía no son claras. En algunos casos, la mayor ingesta de ω-3 durante el embarazo se asoció con menor adiposidad y riesgo de obesidad posterior en el niño; y en otros estudios, los resultados fueron contradictorios, mostrando una mayor acumulación de tejido adiposo en los niños. Por otro lado, en las intervenciones realizadas, tanto en niños prematuros como nacidos a término, con diferentes LC-PUFAs, también se encontraron resultados muy controvertidos. Por lo tanto, Rodriguez, Iglesia [27] afirmaron que actualmente no es posible asegurar si el cambio de la composición corporal detectado en los recién nacidos, sean prematuros o no, puede estar asociado con la diferente composición de PUFAs de las fórmulas ingeridas o si varía con los años en diferentes sentidos e intensidades debido al efecto de una posible programación metabólica difícil de sostener con los modelos revisados. La conclusión a la que se llegó con esta revisión sistemática fue que se necesitan más estudios para entender mejor cuál es la relación real entre los LC-PUFAs y la programación de la composición corporal a medio y largo plazo.

En etapas posteriores de la vida, como la preadolescencia, el efecto de la programación podría modular la composición corporal en aquellos individuos que obtuvieron baja adiposidad en etapas anteriores. Además, existen muchos estudios que no muestran ninguna variación en la composición corporal en etapas posteriores, en aquellos individuos que tomaron un suplemento con LC-PUFAs durante la lactancia [39, 40].

3.2. Función del hígado en el metabolismo de los lípidos

El hígado es un órgano parenquimatoso implicado en multitud de rutas metabólicas, entre las que se encuentra la regulación de los lípidos, hidratos de carbono y proteínas (formación de proteínas plasmáticas y lipoproteínas, entre otras). Además, posee funciones imnunológicas, de desintoxicación de fármacos, producción de bilis, almacenamiento de glucógeno, vitaminas y minerales, y es órgano hematopoyético durante el periodo fetal [41].

Con respecto al metabolismo de los ácidos grasos, el hígado realiza funciones tanto catabólicas como anabólicas. Los lípidos ingeridos en la dieta son absorbidos a través de la pared del intestino delgado. Los ácidos grasos de cadena corta y media se incorporan directamente al torrente sanguíneo, y los ácidos grasos de cadena larga, los triglicéridos, los fosfolípidos y el colesterol, forman parte de quilomicrones. Además de los quilomicrones, las lipoproteínas VLDL, formadas en el hígado, y el proceso de lipolisis que tiene lugar en el tejido adiposo, son los responsables de la presencia de ácidos grasos en el torrente sanguíneo. En general, los ácidos grasos se incorporan al hígado ya sea para sufrir oxidación o para constituir triglicéridos [42, 43].

3.2.1. La oxidación de ácidos grasos y su regulación

La oxidación de los ácidos grasos se lleva a cabo principalmente mediante la β-oxidación, en la mitocondria, aunque también puede darse en otros orgánulos como los peroxisomas, que están implicados en el metabolismo de una gran variedad de ácidos grasos, sobre todo los de cadena muy larga y los ramificados. Estos sistemas de oxidación extramitocondriales son esenciales durante los periodos en los que hay un gran flujo de ácidos grasos entrando al hígado. Por tanto, diversos agentes, conocidos como proliferadores del peroxisoma, como ciertos los ácidos grasos y metabolitos derivados de estos, pueden actuar, en el hígado, como estimuladores de la proliferación del peroxisoma, lo que se asocia con un incremento en la expresión de genes implicados en la β-oxidación peroxisomal. Existen otras rutas de oxidación de ácidos grasos, como la α- y ω-oxidación mediadas por la familia del citocromo P450 4A en el retículo endoplasmático [41, 44].

La oxidación hepática de los ácidos grasos comienza con la llegada de los ácidos grasos, procedentes del torrente circulatorio, al interior celular a través de su unión a una serie de transportadores presentes en la membrana externa de los hepatocitos. Ya en el citosol se unen a proteínas específicas que les permiten desplazarse y poder activarse mediante la formación de un tioester con la coenzima A, proceso catalizado por la enzima acil-CoA sintetasa presente en la membrana externa de la mitocondria para producir derivados acil-CoA de los ácidos grasos [45].

Los ácidos grasos de cadena corta y media pueden de atravesar la membrana mitocondrial interna mediante un mecanismo de difusión, mientras que los ácidos grasos de cadena larga (> 16 carbonos) se unen a la carnitina mediante la enzima carnitinapalmitoiltransferasa 1 (CPT-1), sustituyendo el grupo CoA por la molécula de carnitina, y son transportados como derivados de la carnitina (acilcarnitina) para poder acceder al interior de la membrana mitocondrial interna. Una vez allí, tiene lugar la reacción inversa, formándose de nuevo carnitina y el derivado acil CoA mediante la enzima carnitina-palmitoiltransferasa 2 (CPT- 2).

Finalmente, los grupos acil CoA sufren ahora el proceso de la β-oxidación, siendo degradados por eliminación secuencial de dos átomos de carbono a partir del final del ácido graso, dando lugar a moléculas acetil-CoA [44]. Este proceso genera también una molécula de NADH y FADH2, que se emplean como fuente de energía en la cadena respiratoria.

El acetil-CoA producido se dirige principalmente al ciclo tricarboxilico o ciclo de Krebs para la obtención de energía, aunque si se genera en exceso es convertido en acetoacetato e 3-hidroxibutirato mediante el proceso denominado cetogénesis. El acetoacetato puede sufrir una descarboxilación y dar lugar a acetona. Estos tres productos, 3-hidroxibutirato, acetoacetato y acetona se denominan cuerpos cetónicos y son producidos principalmente en el hígado y liberados al torrente sanguíneo, ya que este órgano no puede utilizarlos como sustrato energético por carecer de la enzima HMG-CoA liasa, necesaria para ello. Una vez en circulación, los cuerpos cetónicos son consumidos por los tejidos periféricos, como el músculo esquelético y la corteza renal. Los cuerpos cetónicos se producen cuando la degradación de los ácidos grasos no puede completarse, bien debido a que la cantidad de ácidos grasos es muy elevada o bien porque falta glucosa. Aunque el uso principal de los cuerpos cetónicos es como sustrato energético, también pueden formar parte de la síntesis de ácidos grasos y colesterol [46-48].

La β-oxidación está regulada, en primera instancia, por la disponibilidad de ácidos grasos, que a su vez depende de los ácidos grasos liberados a sangre procedentes de los triglicéridos almacenados en el tejido adiposo y cuya regulación está a cargo de la lipasa sensible a hormonas. Otra forma de regulación consiste en la inhibición de la enzima CPT-1 por la presencia de malonil-CoA, intermediario del proceso de lipogénesis. Por otra parte, la insulina inhibe la β-oxidación incrementando la concentración de este sustrato mediante la activación de acetil-CoA carboxilasa (ACC) y por estimulación del proceso de esterificación para la formación de triglicéridos. Sin embargo, el glucagón ejerce un efecto contrario, ya que favorece la oxidación de los ácidos grasos, probablemente por su efecto sobre la enzima CPT-1.

En la regulación a largo plazo, los receptores PPARs tienen una función esencial. Estos receptores (PPARα, PPARγ y PPARδ) se expresan principalmente en tejidos implicados en el metabolismo de ácidos grasos, entre los que se encuentra el hígado [41, 42]. El receptor PPARα está fuertemente implicado en la regulación de la expresión de genes implicados en la oxidación hepática de ácidos grasos tanto mitocondrial como extramitocondrial, y, por tanto, cualquier defecto en la expresión de estos genes supondría la alteración del grado de oxidación hepática de ácidos grasos [49].

3.2.2. Bioíntesis de lípidos

Los lípidos ingeridos a través de la dieta son transportados por el torrente sanguíneo unidos a unas lipoproteínas denominadas quilomicrones. Los quilomicrones van liberando triglicéridos por el torrente mediante la actuación de la lipoproteína lipasa presente en el endotelio vascular, que los degrada en ácidos grasos y glicerol para que sean incorporados en los diferentes tejidos. El quilomicrón remanente se dirige al hígado para aportar los lípidos restantes, que no han sido utilizados por los tejidos periféricos. En función del estado energético, los ácidos grasos presentes en el hígado pueden ser esterificados para formar triglicéridos y así almacenarse como reserva energética en los hepatocitos y/o también pueden ser secretados a la circulación mediante lipoproteínas VLDL, que transportan esta grasa a los tejidos que la requieran [48]. La síntesis de lípidos en el hígado tiene lugar, por tanto, a través de la utilización de los ácidos grasos procedentes del tejido adiposo blanco o mediante el proceso de lipogénesis de novo a partir de los glúcidos en exceso. La síntesis de novo de lípidos a partir de componentes no lipídicos, como la glucosa, se lleva a cabo en el citosol de los hepatocitos a partir del acetil-CoA. Debido a la impermeabilidad de la membrana interna mitocondrial al paso del acetil-CoA, es necesaria su conversión a citrato mediante la enzima citrato sintasa para poder lograr su entrada al citosol. Una vez en su interior, el citrato es degradado por la enzima ATP/citrato liasa para regenerar la molécula de acetil-CoA y esta es carboxilada por la enzima ACC para formar malonil-CoA. La síntesis de ácidos grasos se produce a partir de intermediarios de acetil-CoA y malonil-CoA, mediante la adición de dos unidades de carbono por la enzima ácido graso sintasa. Por otra parte, los ácidos grasos sintetizados pueden combinarse con gliceraldehido 3-fosfato (producto intermediario de la glucolisis) para formar triglicéridos y fosfolípidos [43, 44].

3.2.3. Regulación de la síntesis de lípidos

La enzima ACC es la enzima principal de la regulación de la síntesis de ácidos grasos debido a su función sobre la síntesis de malonil-CoA. Esta enzima se activa cuando existe abundancia de energía y se inhibe cuando se genera un déficit de energía. Estos cambios de activación y desactivación ocurren por medio de la vía de desfosforilación y fosforilación, respectivamente [41, 44]. Además, la enzima ACC puede ser regulada de forma hormonal, a través de la insulina.

Cuando existe energía suficiente en el organismo los niveles de insulina se elevan y estimulan la activación de la enzima ACC, aumentando los niveles de malonil-CoA y, por tanto, inhibiendo la oxidación de ácidos grasos y promoviendo la síntesis y esterificación de ácidos grasos y su almacenamiento. Por el contrario, cuando existe un déficit energético, el glucagón inhibe el proceso de desfosforilación, evitando de ese modo la activación de la enzima ACC y bloqueando la síntesis de ácidos grasos [41].

Por otra parte, la insulina favorece la activación de SREBP-1c, un factor importante de transcripción que regula una serie de genes que promueven el proceso de lipogénesis. Sin embargo, se ha observado que SREBP-1c no puede actuar sólo en la expresión de genes implicados en los procesos de lipogénesis y glucolisis [50]. Existe otro factor de transcripción denominado ChREBP que se activa en presencia de glucosa [51]. La glucosa actúa a través de su intermediario, xilosa 5-fosfato, generado por la ruta de las pentosas fosfato no oxidativa, que favorece el proceso de desfosforilación y activa el factor ChREBP, que promueve la expresión de las regiones de los genes que participan en los procesos de glucolisis y lipogénesis. Por este motivo, cuando hay un exceso de carbohidratos, el hígado transforma la glucosa en grasa con el objetivo de controlar los niveles plasmáticos de glucosa y evitar la hiperglucemia [52, 53].

3.2.4. Síntesis de colesterol

El hígado es el principal órgano regulador de la síntesis, distribución y excreción de colesterol. El colesterol de la dieta llega al hígado transportado en los quilomicrones remanentes, y el hígado sólo desencadena la síntesis de colesterol cuando el aporte dietético no es suficiente. La mayor parte de los tejidos también pueden sintetizar colesterol, pero no suelen desarrollar esta capacidad debido al suministro continuo por parte del hígado mediante las lipoproteínas, por lo que la propia entrada de colesterol a los tejidos inhibe su síntesis por parte de éstos [42].

La síntesis de colesterol se produce, al igual que los cuerpos cetónicos, a partir del hidroximetilglutaril CoA pero con la diferencia del orgánulo en el que se produce. Los cuerpos cetónicos se sintetizan en las mitocondrias y el colesterol en el retículo endoplásmico. El proceso de síntesis transcurre del siguiente modo: a partir del hidroximetilglutaril CoA se forma ácido mevalónico por acción de la enzima hidroximetilglutaril CoA reductasa (HMGCoA-R). El ácido mevalónico da lugar a un isopreno activo que forma la base fundamental de la estructura del colesterol. Son necesarios seis isoprenos para generar escualeno, que, a su vez, se cicla formando la molécula de lanosterol y tras la pérdida de tres grupos metilo se origina finalmente la molécula de colesterol [54].

La regulación de la síntesis de colesterol se lleva a cabo principalmente por la enzima HMGCoA-R y otros mecanismos [55]. Esta enzima puede activarse o desactivarse mediante procesos de fosforilación-desfosforilación por una proteína quinasa activada por AMP. De este modo, cuando los niveles de ATP son bajos, aumenta el AMP y se desactiva la síntesis. Por otro lado, la expresión de la enzima está regulada por la proteína SREBP (proteína de unión a elementos de respuesta regulados por esteroides) que se produce únicamente cuando existe escasez de colesterol. Por ello, cuando existe una cantidad adecuada de colesterol la síntesis de la enzima se desactiva [42, 56, 57].

El colesterol presente en el organismo, como se menciona anteriormente, puede proceder de la dieta o de la síntesis endógena llevada a cabo por el hígado, siendo esta última vía la principal fuente de colesterol del ser humano. Esta homeostasis implica el desplazamiento del colesterol entre los distintos tejidos periféricos y el hígado. El hígado regula la biosíntesis de novo de colesterol, la excreción de colesterol a través de la bilis, la secreción de colesterol al torrente sanguíneo a través de las lipoproteínas VLDL, la modulación de los receptores que median su absorción a nivel celular, la formación de ésteres de colesterol y su almacenamiento [42]. En este sentido, para conseguir una adecuada homeostasis del colesterol es fundamental la función de los receptores hepáticos X de colesterol (LXRs) [58].

Se trata de receptores nucleares que se activan por la presencia de oxisteroles endógenos, es decir, derivados oxidados del colesterol. Los receptores LXRs actúan como sensores de colesterol, por tanto, cuando los oxisteroles se acumulan como resultado de un incremento de las concentraciones de colesterol, LXRs inducen la transcripción de genes que protegen a las células de la sobrecarga de colesterol. Su activación regula la síntesis de ácidos biliares y metabolismo y/o excreción, el transporte reverso de colesterol (TRC), la biosíntesis de colesterol y la absorción y excreción de colesterol en el intestino [59]. El transporte reverso de colesterol (TRC) es el proceso por el cual el colesterol de los tejidos periféricos es transportado por las lipoproteínas de alta densidad (HDL) al hígado para su excreción en la bilis [60].

La síntesis de bilis es otro mecanismo de excreción de colesterol. Esta secreción, necesaria para la emulsión y digestión de las grasas procedentes de la dieta, está formada entre otros componentes, por las sales biliares y el colesterol. Las sales biliares se forman a partir de la hidroxilación del núcleo de colesterol por la acción de hidrolasas hepáticas (7-, 12- y 26-) y la modificación de su cadena lateral [42].

3.2.5.   Función del hígado en el metabolismo de carbohidratos

El hígado ejerce una función fundamental en el metabolismo de los carbohidratos, tanto en condiciones de ayuno como tras la ingesta de alimento. En condiciones de ingesta, la glucosa absorbida a nivel intestinal es transportada a través de la vena porta al hígado. Una vez allí, la glucosa penetra al interior del hepatocito mediante los transportadores de glucosa 2, cuya acción no depende de la insulina. Por tanto, la absorción de glucosa por los hepatocitos es proporcional a la concentración plasmática. Una vez dentro del hepatocito, la glucosa es fosforilada para formar glucosa-6-fosfato (G6P) por la enzima glucoquinasa, que tiene la característica de que, bajo condiciones fisiológicas, no se ve afectada por su producto, G6P. Este hecho propio del hígado le otorga la característica de fosforilar la glucosa cuando las concentraciones plasmáticas son elevadas y de liberarla cuando aumentan las necesidades [61]. La G6P puede ser empleada en la glucolisis, cuando aumenta la demanda de energía, o puede dar lugar a la síntesis de glucógeno, cuando disminuyen las necesidades energéticas. La glucolisis se produce en el citosol y da lugar a la obtención de piruvato. El glucógeno almacenado también puede ser degradado por la enzima glucógeno fosforilasa (GP) para producir G6P, que puede dirigirse a la ruta de la glucolisis o ruta de las pentosas fosfato o transformase en glucosa por acción de la enzima glucosa 6-fosfatasa, si aumentan las necesidades. El piruvato puede entrar al ciclo de Krebs en la mitocondria por la vía del Acetil-CoA para formar citrato. El citrato también puede incorporarse a la ruta del proceso de lipogénesis por la vía del Acetil-CoA para producir triglicéridos y colesterol en el citosol. Las enzimas implicadas en los procesos de lipogénesis están reguladas por la insulina, al igual que la formación de glucógeno [41].

3.2.6. Gluconeogénesis

La gluconeogénesis es la ruta metabólica anabólica que permite la síntesis de glucosa a partir de fuentes no glucídicas, y el hígado es el principal órgano con una función esencial en este proceso. Los principales sustratos implicados en esta ruta son el lactato, piruvato, glicerol, aminoácidos y metabolitos intermediarios del Ciclo de Krebs. La regulación de la glucogenogénesis depende principalmente de dos factores: 1. Regulación hormonal de las enzimas implicadas en dicha ruta y 2. Tasa de producto disponible. La hormona glucagón activa la ruta de la gluconeogénesis y la insulina la inhibe.

4. LA MICROBIOTA

4.1. Introducción a la microbiota intestinal

La microbiota intestinal tiene la mayor diversidad microbiana del cuerpo humano, con más de 1000 especies bacterianas diferentes pertenecientes, en su mayoría, a relativamente pocos filamentos bacterianos: *Firmicutes, Bacteroidetes, Actinobacteria y Proteobacteria* [62-65]. La colonización del tracto gastrointestinal comienza antes del nacimiento, con la microbiota adquirida a través de la barrera placentaria y posteriormente del entorno circundante durante la lactancia, aumentando la complejidad y la diversidad microbiana [66]. La microbiota del intestino varía ampliamente entre los individuos y depende de factores genéticos y ambientales como el estado de salud, la exposición ambiental, el envejecimiento y la dieta [67]. En este sentido, los lactantes que son alimentados exclusivamente con leche materna albergan una microbiota dominada por *Bifidobacterium y Lactobacillus* [68].

Estas diferencias pueden ser causadas no sólo por la composición bacteriana de la leche humana, sino también por la presencia de oligosacáridos de la leche humana [69]. Más adelante, durante el periodo de alimentación complementaria y el destete, aumenta la diversidad del microbioma y la microbiota funcionalmente madura por una disminución en la abundancia relativa de genes implicados en la degradación de la utilización de lactato y hacia el enriquecimiento de los genes implicados en la degradación de los hidratos de carbono [69]. A la edad de tres años, la microbiota intestinal se asemeja a la composición de la de un adulto, con altos niveles de *Bacteroides* y *Clostridium*, cambios en la población de *Lactobacillus* y reducción de los niveles de *Bifidobacterium* [68]. Finalmente, cada individuo alcanza una composición homeostática, permaneciendo relativamente estable durante la mayor parte de su vida adulta sana [70, 71]. Definir una microbiota sana normal no es posible debido a la gran variación interindividual entre las especies de microbios presentes en el intestino, junto con variaciones relacionadas con la edad, área geográfica, antecedentes genéticos, modo de parto, lactancia materna, edad, ciclos hormonales, viajes, estado de salud, tratamientos médicos y, por supuesto, la dieta del huésped [62, 69, 70, 72].

La microbiota tiene un profundo impacto en su huésped al proporcionar una barrera competitiva contra los patógenos invasores, utilizando componentes de alimentos no digeridos y la producción de metabolitos esenciales, modula las respuestas inmunes y contribuye al desarrollo del sistema inmunológico, y estimula la maduración intestinal [70, 73].

La riqueza microbiana, entendida como alta diversidad bacteriana, suele considerarse un indicador de un estado saludable y hace que el huésped sea menos propenso a una serie de enfermedades [74]. La baja riqueza, se asocia con varias enfermedades no transmisibles relacionadas con el estilo de vida, como la obesidad, el síndrome metabólico, las enfermedades relacionadas con el sistema inmunitario y las inflamatorias [62]. El número y la diversidad de especies bacterianas dentro del tracto gastrointestinal de un individuo permanecen relativamente constantes a lo largo de la vida, como se mencionó anteriormente, pero es posible estimular la proliferación de microorganismos específicos con efectos benéficos para la salud manipulando la dieta del huésped [69].

4.2. Disbiosis y enfermedad

La disbiosis o disbacteriosis se define como una pertubación en la composición de la microbiota, con una disminución en el número relativo de microbios beneficiosos y un crecimiento de microbios dañinos en el tracto intestinal [75]. Cualquier desequilibrio definido entre las bacterias protectoras y dañinas puede tener la capacidad de promover la susceptibilidad a la enfermedad y/o la progresión de una enfermedad. Por lo tanto, es importante identificar el desarrollo saludable de la microbiota y los factores que causan desviaciones. Sin embargo, la distinción entre bacterias beneficiosas y nocivas a menudo no está clara [69].

Las enfermedades asociadas a la disbiosis incluyen problemas gastrointestinales y sistémicos, obesidad, alergia e incluso enfermedades cardiovasculares [76]. Sin embargo, no está claro si la disbiosis es la causa de la enfermedad, o si ambos son fenómenos concomitantes [75]. Además, existen múltiples causas que provocan disbiosis, tales como parto por cesárea, parto prematuro, lactancia materna corta, estilo de vida, higiene, antibióticos o dieta.

El aumento del riesgo de obesidad infantil en niños nacidos por cesárea se ha atribuido a los diferentes patrones de colonización intestinal en estos niños [68]. La evidencia emergente sugiere que la variación en el microbioma puede tener un papel más importante que la variación del genoma humano en la patogénesis de la obesidad, dada su interacción directa con factores ambientales [77]. Se ha sugerido que una "microbiota obesa" tiene un alto potencial para extraer energía de la dieta debido a que el número de genes dedicados a la hidrólisis de polisacáridos es mucho mayor [78, 79]. Se ha demostrado que la composición de las bacterias en el intestino difiere entre los individuos delgados y obesos con una alta tasa de *Firmicutes* en relación con *Bacteroidetes*, pero algunas publicaciones recientes han contradicho estos hallazgos [80].

Aunque la causa principal de la obesidad es la ingesta excesiva de energía y el gasto energético reducido, otros factores contribuyen a la aparición de la obesidad y sus trastornos asociados. Entre estos factores que son capaces de afectar la respuesta del huésped a los nutrientes, la microbiota intestinal representa uno muy importante [81]. El desarrollo del sobrepeso y la obesidad se ha asociado con las primeras variaciones en el desarrollo de la microbiota, incluyendo tanto la riqueza y como la diversidad de la microbiota [82].

Según el estudio de Kalliomaki, Collado [83], las diferencias tempranas desarrolladas durante el primer año de vida, en la composición de la microbiota intestinal, pueden predecir el desarrollo de sobrepeso y obesidad en etapas posteriores. Existen muchos estudios que demuestran la relación entre la composición de la microbiota intestinal y la obesidad, y su asociación con la inflamación crónica de bajo grado [79, 84, 85]. Los estudios previos muestran que el microbioma de sujetos obesos aumenta la absorción de energía de la dieta, contribuyendo a la fisiopatología de la obesidad. Además, la disbiosis que caracteriza la microbiota intestinal de sujetos obesos aumenta los niveles de lipopolisacáridos plasmáticos (LPS), lo que conduce a un aumento de las citoquinas proinflamatorias plasmáticas (IL-6, TNF-α) y el riesgo de resistencia a la insulina [85, 86].

La microbiota intestinal de los humanos obesos se comporta de la misma manera que los ratones obesos. Los phyla bacterianos más abundantes que se encuentran en el tracto gastrointestinal humano y del ratón son *Firmicutes* (60-80 % del total de bacterias) o *Bacteroidetes* (20-40 %) [79]. La microbiota intestinal de ratones y humanos obesos exhibe una mayor proporción de *Firmicutes/Bacteroidetes* en comparación con aquellos de peso normal [79, 87-89]. Uno de los factores más importantes relacionados con la dieta es el perfil de ácidos grasos ya que pueden regular fuertemente la composición de la microbiota intestinal [90, 91]. Los trastornos de la progresión intestinal en etapas tempranas pueden conducir a disfunciones metabólicas permanentes de gran alcance que pueden manifestarse en la infancia y en la edad adulta [68, 92].

La obesidad infantil ha alcanzado niveles epidémicos en el mundo occidental y las investigaciones sobre el papel de la ingesta de macronutrientes de los alimentos complementarios [12] y su impacto en sobre la microbiota intestinal es también escaso.

5. BIBLIOGRAFIA

1.   Agostoni C, Braegger C, Decsi T, Kolacek S, Koletzko B, Mihatsch W, et al. Role of dietary factors and food habits in the development of childhood obesity: a commentary by the ESPGHAN Committee on Nutrition. J Pediatr Gastroenterol Nutr 2011, 52 (6): 662-669.

2.   Koletzko B, Brands B, Poston L, Godfrey K, Demmelmair H. Early nutrition programming of long-term health. Proc Nutr Soc 2012, 71 (3): 371-378.

3.   Waterland RA, Garza C. Potential mechanisms of metabolic imprinting that lead to chronic disease. The American Journal of Clinical Nutrition 1999, 69 (2): 179-197.

4.   Urgell MR, Nutrición FEdl. Libro blanco de la nutrición infantil en España: Prensas de la Universidad de Zaragoza; 2015.

5.   Lama More RA, Alonso Franch A, Gil-Campos M, Leis Trabazo R, Martínez Suárez V, Moráis López A, et al. Obesidad Infantil. Recomendaciones del Comité de Nutrición de la Asociación Española de Pediatría Parte I. Prevención. Detección precoz. Papel del pediatra. Anales de Pediatría 2006, 65 (6): 607-615.

6.   Koletzko B. Human Milk Lipids. Annals of nutrition & metabolism 2016, 69 Suppl 2: 28-40.

7.   Efsa Panel on Dietetic Products N, Allergies. Scientific Opinion on the appropriate age for introduction of complementary feeding of infants. EFSA Journal 2009, 7 (12): 1423.

8.   Agostoni C, Decsi T, Fewtrell M, Goulet O, Kolacek S, Koletzko B, et al. Complementary feeding: a commentary by the ESPGHAN Committee on Nutrition. J Pediatr Gastroenterol Nutr 2008, 46 (1): 99-110.

9.   Alvisi P, Brusa S, Alboresi S, Amarri S, Bottau P, Cavagni G, et al. Recommendations on complementary feeding for healthy, full-term infants. Ital J Pediatr 2015, 41: 36.

10. Dalmau J, Pena-Quintana L, Morais A, Martinez V, Varea V, Martinez MJ, et al. [Quantitative analysis of nutrient intake in children under 3 years old. ALSALMA study]. An Pediatr (Barc) 2015, 82 (4): 255-266.

11. Mennella JA, Ventura AK, Beauchamp GK. Differential growth patterns among healthy infants fed protein hydrolysate or cow-milk formulas. Pediatrics 2011, 127 (1): 110-118.

12. Branca F, Caroli M. Complementary feeding and dietary prevention of non communicable diseases: A gap in the life course approach? Nutrition, Metabolism and Cardiovascular Diseases 2012, 22 (10): 763-764.

13. UE. Reglamento (UE) no 609/2013: alimentos destinados a los lactantes y niños de corta edad, y los alimentos para usos médicos especiales, así como sustitutivos de la dieta completa para el control de peso. 2013.

14. Kersting M, Alexy U, Sichert-Hellert W, Manz F, Schoch G. Measured consumption of commercial infant food products in German infants: results from the DONALD study. Dortmund Nutritional and Anthropometrical Longitudinally Designed. J Pediatr Gastroenterol Nutr 1998, 27 (5): 547-552.

15. McAndrew F, Thompson J, Fellows L, Large A, Speed M, Renfrew MJ. Infant feeding survey 2010. Leeds: Health and Social Care Information Centre 2012.

16. García AL, Raza S, Parrett A, Wright CM. Nutritional content of infant commercial weaning foods in the UK. Archives of Disease in Childhood 2013.

17. Hunter D. Biochemical indicators of dietary intake. In: WC W, editor. Nutritional epidemiology. 2 ed. New York: Oxford University Press; 1998. p. 174-243.

18. Potischman N. Biologic and methodologic issues for nutritional biomarkers. J Nutr 2003, 133 Suppl 3: 875s-880s.

19. Willett W. Nutritional epidemiology, New York: Oxford University Press; 1998.

20. Gil Hernández Á, Serra Majem L. Libro blanco de los Omega 3, Madrid (Spain): Panamericana; 2013. 452 p

21. Plourde M, Cunnane SC. Extremely limited synthesis of long chain polyunsaturates in adults: implications for their dietary essentiality and use as supplements. Appl Physiol Nutr Metab 2007, 32 (4): 619-634.

22. Sullivan BL, Williams PG, Meyer BJ. Biomarker validation of a long-chain omega-3 polyunsaturated fatty acid food frequency questionnaire. Lipids 2006, 41 (9): 845-850.

23. Garry PJ, Koehler KM. Problems in interpretation of dietary and biochemical data from population studies. In: ML B, editor. Present knowledge in nutrition. Washington: International Life Sciences Institute. Nutrition Foundation; 1990. p. 407-414.

24. Malcom GT, Bhattacharyya AK, Velez-Duran M, Guzman MA, Oalmann MC, Strong JP. Fatty acid composition of adipose tissue in humans: differences between subcutaneous sites. Am J Clin Nutr 1989, 50 (2): 288-291.

25. Phinney SD, Stern JS, Burke KE, Tang AB, Miller G, Holman RT. Human subcutaneous adipose tissue shows site-specific differences in fatty acid composition. Am J Clin Nutr 1994, 60 (5): 725-729.

26. Serra-Majem L, Nissensohn M, Overby NC, Fekete K. Dietary methods and biomarkers of omega 3 fatty acids: a systematic review. Br J Nutr 2012, 107 Suppl 2: S64-76.

27.   Rodriguez G, Iglesia I, Bel-Serrat S, Moreno LA. Effect of n-3 long chain polyunsaturated fatty acids during the perinatal period on later body composition. Br J Nutr 2012, 107 Suppl 2: S117-128.

28.   Ailhaud G, Guesnet P, Cunnane SC. An emerging risk factor for obesity: does disequilibrium of polyunsaturated fatty acid metabolism contribute to excessive adipose tissue development? Br J Nutr 2008, 100 (3): 461-470.

29.   Simmer K. Long-chain polyunsaturated fatty acid supplementation in infants born at term. Cochrane Database Syst Rev 2001, (4): Cd000376.

30.   Amri EZ, Ailhaud G, Grimaldi PA. Fatty acids as signal transducing molecules: involvement in the differentiation of preadipose to adipose cells. J Lipid Res 1994, 35 (5): 930-937.

31.   Ailhaud G, Guesnet P. Fatty acid composition of fats is an early determinant of childhood obesity: a short review and an opinion. Obes Rev 2004, 5 (1): 21-26.

32.   Massiera F, Saint-Marc P, Seydoux J, Murata T, Kobayashi T, Narumiya S, et al. Arachidonic acid and prostacyclin signaling promote adipose tissue development: a human health concern? J Lipid Res 2003, 44 (2): 271-279.

33.   Gaillard D, Négrel R, Lagarde M, Ailhaud G. Requirement and role of arachidonic acid in the differentiation of pre-adipose cells. Biochemical Journal 1989, 257 (2): 389-397.

34.   Diascro DD, Jr., Vogel RL, Johnson TE, Witherup KM, Pitzenberger SM, Rutledge SJ, et al. High fatty acid content in rabbit serum is responsible for the differentiation of osteoblasts into adipocyte-like cells. J Bone Miner Res 1998, 13 (1): 96-106.

35.   Wu Z, Rosen ED, Brun R, Hauser S, Adelmant G, Troy AE, et al. Cross-regulation of C/EBP alpha and PPAR gamma controls the transcriptional pathway of adipogenesis and insulin sensitivity. Mol Cell 1999, 3 (2): 151-158.

36.   Korotkova M, Gabrielsson B, Lonn M, Hanson LA, Strandvik B. Leptin levels in rat offspring are modified by the ratio of linoleic to alpha-linolenic acid in the maternal diet. J Lipid Res 2002, 43 (10): 1743-1749.

37.   Raclot T, Groscolas R, Langin D, Ferre P. Site-specific regulation of gene expression by n-3 polyunsaturated fatty acids in rat white adipose tissues. J Lipid Res 1997, 38 (10): 1963-1972.

38.   Makrides M, Collins CT, Gibson RA. Impact of fatty acid status on growth and neurobehavioural development in humans. Matern Child Nutr 2011, 7 Suppl 2: 80-88.

39.   de Jong C, Boehm G, Kikkert HK, Hadders-Algra M. The Groningen LCPUFA study: No effect of short-term postnatal long-chain polyunsaturated fatty acids in healthy term infants on cardiovascular and anthropometric development at 9 years. Pediatr Res 2011, 70 (4): 411-416.

40.   Scholtens S, Wijga AH, Smit HA, Brunekreef B, de Jongste JC, Gerritsen J, et al. Long-chain polyunsaturated fatty acids in breast milk and early weight gain in breast-fed infants. Br J Nutr 2009, 101 (1): 116-121.

41.   Gyamfi D, Patel VB. Liver metabolism: biochemical and molecular regulations. Nutrition, Diet Therapy, and the Liver 2009: 1.

42. Antonio SP, A G. Metabolismo lipídico tisular. In: Gil A SdMF, editor. Tratado de Nutrición. Tomo I: Bases fisiológicas y Bioquímicas de la Nutrición. 2ª ed. Madrid: Médica Panamericana; 2010. p. 280.

43. Fon Tacer K, Rozman D. Nonalcoholic Fatty liver disease: focus on lipoprotein and lipid deregulation. Journal of lipids 2011, 2011.

44. Wei Y, Rector RS, Thyfault JP, Ibdah JA. Nonalcoholic fatty liver disease and mitochondrial dysfunction. World journal of gastroenterology: WJG 2008, 14 (2): 193.

45. Kalant D, Cianflone K. Regulation of fatty acid transport. Current opinion in lipidology 2004, 15 (3): 309-314.

46. Cahill Jr GF, Veech RL. Ketoacids? Good medicine? Transactions of the american clinical and climatological association 2003, 114: 149.

47. Browning JD, Horton JD. Molecular mediators of hepatic steatosis and liver injury. Journal of Clinical Investigation 2004, 114 (2): 147.

48. Koek G, Liedorp P, Bast A. The role of oxidative stress in non-alcoholic steatohepatitis. Clinica chimica acta 2011, 412 (15): 1297-1305.

49. Sambasiva Rao M, Reddy JK. PPARα in the pathogenesis of fatty liver disease. Hepatology 2004, 40 (4): 783-786.

50. Denechaud P-D, Dentin R, Girard J, Postic C. Role of ChREBP in hepatic steatosis and insulin resistance. FEBS letters 2008, 582 (1): 68-73.

51. Uyeda K, Repa JJ. Carbohydrate response element binding protein, ChREBP, a transcription factor coupling hepatic glucose utilization and lipid synthesis. Cell metabolism 2006, 4 (2): 107-110.

52. Ishii S, Iizuka K, Miller BC, Uyeda K. Carbohydrate response element binding protein directly promotes lipogenic enzyme gene transcription. Proceedings of the National Academy of Sciences of the United States of America 2004, 101 (44): 15597-15602.

53. Postic C, Dentin R, Denechaud P-D, Girard J. ChREBP, a transcriptional regulator of glucose and lipid metabolism. Annu. Rev. Nutr. 2007, 27: 179-192.

54. van der Wulp MY, Verkade HJ, Groen AK. Regulation of cholesterol homeostasis. Molecular and cellular endocrinology 2013, 368 (1): 1-16.

55. Brown MS, Goldstein JL. Multivalent feedback regulation of HMG CoA reductase, a control mechanism coordinating isoprenoid synthesis and cell growth. Journal of lipid research 1980, 21 (5): 505-517.

56. Edwards PA, Ericsson J. Sterols and isoprenoids: signaling molecules derived from the cholesterol biosynthetic pathway. Annual review of biochemistry 1999, 68 (1): 157-185.

57. Istvan ES, Deisenhofer J. Structural mechanism for statin inhibition of HMG-CoA reductase. Science 2001, 292 (5519): 1160-1164.

58. Sharpe LJ, Brown AJ. Controlling cholesterol synthesis beyond 3-hydroxy-3-methylglutaryl-CoA reductase (HMGCR). Journal of Biological Chemistry 2013, 288 (26): 18707-18715.

59. Zhao C, Dahlman-Wright K. Liver X receptor in cholesterol metabolism. Journal of Endocrinology 2010, 204 (3): 233-240.

60. Cáceres DG-C. Salida celular y transporte reverso de colesterol. Clínica e Investigación en Arteriosclerosis 2010, 22: 12-16.

61. Nuttall FQ, Ngo A, Gannon MC. Regulation of hepatic glucose production and the role of gluconeogenesis in humans: is the rate of gluconeogenesis constant? Diabetes/metabolism research and reviews 2008, 24 (6): 438-458.

62. D'Argenio V, Salvatore F. The role of the gut microbiome in the healthy adult status. Clinica Chimica Acta 2015, 451: 97-102.

63. Subramanian S, Blanton LV, Frese Steven A, Charbonneau M, Mills David A, Gordon Jeffrey I. Cultivating Healthy Growth and Nutrition through the Gut Microbiota. Cell 2015, 161 (1): 36-48.

64. Andreo-Martínez P, García-Martínez N, Sánchez-Samper EP, Martínez-González AE. An approach to gut microbiota profile in children with autism spectrum disorder. Environ Microbiol Rep 2020, 12 (2): 115-135.

65. Martínez-González AE, Andreo-Martínez P. The Role of Gut Microbiota in Gastrointestinal Symptoms of Children with ASD. Medicina (Kaunas) 2019, 55 (8).

66. Koenig JE, Spor A, Scalfone N, Fricker AD, Stombaugh J, Knight R, et al. Succession of microbial consortia in the developing infant gut microbiome. Proc Natl Acad Sci U S A 2011, 108 Suppl 1: 4578-4585.

67. Gutierrez-Diaz I, Fernandez-Navarro T, Sanchez B, Margolles A, Gonzalez S. Mediterranean diet and faecal microbiota: a transversal study. Food Funct 2016, 7 (5): 2347-2356.

68. van Best N, Hornef MW, Savelkoul PH, Penders J. On the origin of species: Factors shaping the establishment of infant's gut microbiota. Birth Defects Res C Embryo Today 2015, 105 (4): 240-251.

69. C G-G, S S. Novel Probiotics and Prebiotics: How Can They Help in Human Gut Microbiota Dysbiosis? Applied Food Biotechnology 2016, 3 (2): 72-81.

70. Ottman N, Smidt H, de Vos WM, Belzer C. The function of our microbiota: who is out there and what do they do? Front Cell Infect Microbiol 2012, 2: 104.

71. Faith JJ, McNulty NP, Rey FE, Gordon JI. Predicting a human gut microbiota's response to diet in gnotobiotic mice. Science 2011, 333 (6038): 101-104.

72. McFarland LV. Use of probiotics to correct dysbiosis of normal microbiota following disease or disruptive events: a systematic review. BMJ Open 2014, 4 (8): e005047.

73. Fernandez L, Langa S, Martin V, Maldonado A, Jimenez E, Martin R, et al. The human milk microbiota: origin and potential roles in health and disease. Pharmacol Res 2013, 69 (1): 1-10.

74. Jordán F, Lauria M, Scotti M, Nguyen T-P, Praveen P, Morine M, et al. Diversity of key players in the microbial ecosystems of the human body. 2015, 5: 15920.

75. Ducatelle R, Eeckhaut V, Haesebrouck F, Van Immerseel F. A review on prebiotics and probiotics for the control of dysbiosis: present status and future perspectives. Animal 2015, 9 (1): 43-48.

76. Butel MJ. Probiotics, gut microbiota and health. Med Mal Infect 2014, 44 (1): 1-8.

77. Le Chatelier E, Nielsen T, Qin J, Prifti E, Hildebrand F, Falony G, et al. Richness of human gut microbiome correlates with metabolic markers. Nature 2013, 500 (7464): 541-546.

78. Jakobsdottir G, Nyman M, Fak F. Designing future prebiotic fiber to target metabolic syndrome. Nutrition 2014, 30 (5): 497-502.

79. Ley RE, Backhed F, Turnbaugh P, Lozupone CA, Knight RD, Gordon JI. Obesity alters gut microbial ecology. Proc Natl Acad Sci U S A 2005, 102 (31): 11070-11075.

80. Sarbini SR, Kolida S, Deaville ER, Gibson GR, Rastall RA. Potential of novel dextran oligosaccharides as prebiotics for obesity management through in vitro experimentation. Br J Nutr 2014, 112 (8): 1303-1314.

81. Cani PD. Gut microbiota and obesity: lessons from the microbiome. Brief Funct Genomics 2013, 12 (4): 381-387.

82. Gerritsen J, Smidt H, Rijkers GT, de Vos WM. Intestinal microbiota in human health and disease: the impact of probiotics. Genes Nutr 2011, 6 (3): 209-240.

83. Kalliomaki M, Collado MC, Salminen S, Isolauri E. Early differences in fecal microbiota composition in children may predict overweight. Am J Clin Nutr 2008, 87 (3): 534-538.

84. Turnbaugh PJ, Ley RE, Mahowald MA, Magrini V, Mardis ER, Gordon JI. An obesity-associated gut microbiome with increased capacity for energy harvest. Nature 2006, 444 (7122): 1027-1131.

85. Cani PD, Bibiloni R, Knauf C, Waget A, Neyrinck AM, Delzenne NM, et al. Changes in gut microbiota control metabolic endotoxemia-induced inflammation in high-fat diet-induced obesity and diabetes in mice. Diabetes 2008, 57 (6): 1470-1481.

86. Cani PD, Amar J, Iglesias MA, Poggi M, Knauf C, Bastelica D, et al. Metabolic endotoxemia initiates obesity and insulin resistance. Diabetes 2007, 56 (7): 1761-1772.

87. Adair LS. How could complementary feeding patterns affect the susceptibility to NCD later in life? Nutr Metab Cardiovasc Dis 2012, 22 (10): 765-769.

88. Finegold SM, Li Z, Summanen PH, Downes J, Thames G, Corbett K, et al. Xylooligosaccharide increases bifidobacteria but not lactobacilli in human gut microbiota. Food Funct 2014, 5 (3): 436-445.

89. Turnbaugh PJ, Backhed F, Fulton L, Gordon JI. Diet-induced obesity is linked to marked but reversible alterations in the mouse distal gut microbiome. Cell Host Microbe 2008, 3 (4): 213-223.

90. Liu T, Hougen H, Vollmer AC, Hiebert SM. Gut bacteria profiles of Mus musculus at the phylum and family levels are influenced by saturation of dietary fatty acids. Anaerobe 2012, 18 (3): 331-337.

91. Desbois AP, Smith VJ. Antibacterial free fatty acids: activities, mechanisms of action and biotechnological potential. Appl Microbiol Biotechnol 2010, 85 (6): 1629-1642.

92. Arrieta MC, Stiemsma LT, Amenyogbe N, Brown EM, Finlay B. The intestinal microbiome in early life: health and disease. Front Immunol 2014, 5: 427.

Printed by Books on Demand GmbH, Norderstedt / Germany